ISBN 978-3-662-23113-5 ISBN 978-3-662-25083-9 (eBook)
DOI 10.1007/978-3-662-25083-9

Rhythmische und schwach rhythmische Abbildungen

Von

Walter Bauer, Wien

(Vorgelegt in der Sitzung am 15. Jänner 1970 durch das w. M. E. Hlawka)

1. Einleitung

Die Theorie der Rhythmik ging u. a. von der Arbeit von van der Corput [4] über rhythmische Systeme und deren Anwendungen auf diophantische Ungleichungen aus. Dort wurden rhythmische Folgen und Systeme sowie Translationen behandelt. Diese Begriffe wurden von Hlawka [10] und Hlawka-Henhapl [11] auf topologische Gruppen verallgemeinert.

Auslander-Hahn [1] untersuchten verschiedene Klassen reellwertiger Funktionen auf R (reelle Zahlen), die durch die Eigenschaften ihrer Bahnhüllen bezüglich der kompakt-offenen Topologie im Raum der stetigen Funktionen definiert sind. Flor [7], [8] übertrug den Begriff der Rhythmik auf stetige, totalbeschränkte Funktionen einer abelschen topologischen Gruppe G in einen uniformen Raum S. Er gab eine Charakterisierung der gleichmäßig rhythmischen Funktionen gewisser Gruppen G in vollständige Räume S mittels der Kompaktheit und Minimalität ihrer bezüglich der kompakt-offenen Topologie gebildeten Bahnhüllen. Für lokalkompakte Gruppen G sind die rhythmischen Funktionen Spezialfälle fastperiodischer Elemente gewisser topologischer Transformationsgruppen, so daß sich dann die Theorie der topologischen Dynamik [9] anwenden läßt.

Eberlein [5] definierte schwach fastperiodische Funktionen auf lokalkompakten abelschen Gruppen G. Eine beschränkte, komplexwertige, stetige Funktion f auf G heißt schwach fastperiodisch (kurz s-fp.), wenn ihre Bahnhülle in der schwachen Topologie kompakt ist. Allerdings ist die Klasse der s-fp.-Funktionen sehr umfangreich, da z. B. alle im Unendlichen verschwindenden und alle positiv-definiten Funktionen dazugehören, so daß es sinnvoll erscheint, außer den rhythmischen und den s-fp.-Funktionen noch eine genügend große, aber leichter überschaubare Klasse von Funktionen, nämlich die schwach rhythmischen Funktionen einzuführen. Weiters soll hier hauptsächlich die uniforme Struktur der kompakten Konvergenz verwendet werden, die gegenüber der schwachen Topologie einige Vorteile besitzt (z. B. die gleichgradige Stetigkeit kompakter Bahnhüllen auf gewissen Räumen).

In § 2 werden Funktionen („partiell rhythmische Funktionen“) betrachtet, welche die bei Flor [7] in Definition 1b geforderten „Verschiebungseigenschaften“ nicht betreffend des Systems aller kompakten Teilmengen von G, sondern nur betreffend gewisser Familien kompakter Teilmengen aufweisen. Limiten derartiger Funktionen und ihre Beziehungen zu den rhythmischen Funktionen werden untersucht.

In den weiteren Paragraphen werden sehr allgemeine rhythmische und schwach-rhythmische Funktionen betrachtet. Bereits für eine schwache topologisch-algebraische Struktur („fastmultiplikative Systeme“) sind alle Funktionen der Bahnhülle einer rhythmischen bzw. schwach rhythmischen Funktion wieder von derselben Art. Die Beziehung der fastperiodischen Funktionen nach Ellis [6] zu den schwach rhythmischen Funktionen und das Verhalten dieser gegenüber stetigen Transformationen wird untersucht. Weiters werden Systeme schwach rhythmischer Funktionen betrachtet.

Danach werden Klassen von Räumen angegeben, auf denen jede stetige Funktion die „Schwingungsbedingung“ in der Definition einer schwach rhythmischen Funktion erfüllt. Solche Räume mit den zugehörigen Mengen stetiger Selbstabbildungen werden „Selektive Systeme“ genannt.

An mehreren Stellen der Arbeit werden enge Beziehungen zwischen Rhythmik und gleichgradiger Stetigkeit von Bahnen in Funktionenräumen abgeleitet.

2. Partiell rhythmische Funktionen

Bezeichnungen:

S sei ein separierter, uniformer Raum mit dem Nachbarschaftsfilter $\mathfrak{B}$,

G eine separierte, abelsche, topologische Gruppe,

$\mathfrak{A}$ ein nichtleeres System nichtleerer kompakter Teilmengen von G, das mit je endlich vielen Mengen auch deren Vereinigung enthält und für welches gilt: aus $K \in \mathfrak{A}$ folgt $K + g \in \mathfrak{A}$ für beliebiges $g \in G$.

Eine Teilmenge $T \subset G$ ($T \neq \phi$) heißt relativ dicht, wenn es eine kompakte Menge $M \subset G$ gibt, so daß $T + M = G$ ist.

X sei der Raum der stetigen Funktionen von G in S, versehen mit der uniformen Struktur der gleichmäßigen Konvergenz auf dem Mengensystem $\mathfrak{A}$. Die zugehörige Topologie wird mit $T_{\mathfrak{A}}$ bezeichnet.

$t\,\varphi$ ($t \in G$, $\varphi \in X$) bedeute die Funktion $x \to \varphi\,(x + t)$.

$M \subset X$ heißt invariant, wenn $G\,M = \{g\,\varphi / g \in G,\ \varphi \in M\} \subset M$ ist. Die Menge M heißt minimal, wenn sie keine echte, invariante, abgeschlossene Teilmenge enthält.

Für $\varphi \in X$ wird $G\,\varphi$ die Bahn und $\overline{(G\,\varphi)}_{T_{\mathfrak{A}}}$ die Bahnhülle von φ genannt. (Die Hülle wird bezüglich der Topologie $T_{\mathfrak{A}}$ gebildet. Falls keine Verwechslungen möglich sind, wird der Index auch weggelassen.) Die Schreibweise $(\varphi, \psi) \in (K, \alpha)$ für $\alpha \in \mathfrak{B}$, $K \subset G$ bedeute:

$$[\varphi\,(x), \psi\,(x)] \in \alpha \quad \forall\ x \in K.$$

Auf X bedeute $T_{\mathfrak{P}}$ die Topologie der punktweisen Konvergenz und $T_{\mathfrak{K}}$ die kompakt-offene Topologie. ($T_{\mathfrak{K}}$ ist identisch mit der von der uniformen Struktur der gleichmäßigen Konvergenz auf allen kompakten Teilmengen von G induzierten Topologie!)

2.1. Definition. Eine stetige Funktion φ: $G \to S$ heißt $\mathfrak{A}$-partiell rhythmisch (kurz: $\mathfrak{A}$-rhythmisch), wenn gilt:

1. $\varphi\,(G)$ ist totalbeschränkt,

2. $(\forall\ K \in \mathfrak{A})$ $(\forall\ \alpha \in \mathfrak{B})$ existiert eine relativ dichte Menge $T \subset S$, so daß $[\varphi\,(x), \varphi\,(x + t)] \in \alpha \quad \forall\ x \in K, \forall\ t \in T$.

2.2. Lemma: Sei φ $\mathfrak{A}$-rhythmisch. Dann gilt:

a) $\forall\ \psi \in \overline{(G\,\varphi)}_{T_{\mathfrak{A}}}$ ist $\psi\,(G)$ totalbeschränkt,

b) $\forall\, \psi \in \overline{(G\,\varphi)}_G$ ist ψ $\mathfrak{A}$-rhythmisch. (Dabei bedeutet $\overline{(G\,\varphi)}_G$ die Hülle von $G\,\varphi$ bezüglich der Topologie der gleichmäßigen Konvergenz.)

Beweis:

a) Seien $\alpha \in \mathfrak{B}$ und $z \in G$ beliebig gewählt. $\beta \in \mathfrak{B}$ sei symmetrisch mit $\beta^2 \subset \alpha$. Dann gibt es $g_\beta \in G$, so daß

$$[\psi\,(z),\, g_\beta\, \varphi\,(z)] \in \beta. \tag{1}$$

Wegen der Totalbeschränktheit von $\varphi\,(G)$ existieren $x_1, \ldots, x_n \in G\,(n \in N)$, so daß $\bigcup_{i=1}^{n} U_i \supset \varphi\,(G)$ mit $U_i = \{y/[y, \varphi\,(x_i)] \in \beta\}$. Zu $z + g_\beta$ gibt es einen Index i' $(1 \leqslant i' \leqslant n)$, so daß

$$[\varphi\,(z + g_\beta),\, \varphi\,(x_{i'})] \in \beta. \tag{2}$$

Aus (1) und (2) folgt $[\psi\,(z),\, \varphi\,(x_{i'})] \in \beta^2 \subset \alpha$ und daher ist $\psi\,(G)$ totalbeschränkt.

b) Nach a) genügt es zu zeigen, daß $\psi \in \overline{(G\,\varphi)}_G$ die Bedingung 2 von Definition 2.1 erfüllt. Seien $\alpha \in \mathfrak{B}$, $\beta \in \mathfrak{B}$ symmetrisch mit $\beta^3 \subset \alpha$, $K \in \mathfrak{A}$.

Wegen $\psi \in \overline{(G\,\varphi)}_G$ $\exists\, g_\beta \in G$, so daß

$$[\psi\,(x),\, g_\beta\, \varphi\,(x)] \in \beta \quad \forall\, x \in G; \tag{3}$$

da weiters φ $\mathfrak{A}$-rhythmisch ist, existiert eine relativ dichte Teilmenge $T \subset G$ derart, daß

$$[\varphi\,(x + g_\beta),\, \varphi\,(x + g_\beta + t)] \in \beta \quad \forall\, x \in K, \forall\, t \in T. \tag{4}$$

Nach (3) gilt auch: $[\psi\,(x + t),\, \varphi\,(x + g_\beta + t)] \in \beta \quad \forall\, x \in K.$ (5)

Aus (3), (4) und (5) folgt schließlich

$$[\psi\,(x),\, \psi\,(x + t)] \in \beta^3 \subset \alpha \quad \forall\, x \in K, \forall\, t \in T.$$

w. z. z. w.

2.3. Satz: Es seien G lokalkompakt und S vollständig. Sei φ gleichmäßig stetig und $\mathfrak{A}$-rhythmisch. Dann ist φ gleichmäßig rhythmisch im Sinne von Flor [9].

Beweis: Wegen der gleichmäßigen Stetigkeit von φ ist $G\,\varphi$ gleichgradig stetig. Wegen der Vollständigkeit von S ist $\overline{\varphi\,(G)}$ kompakt und daher auch $\overline{G\,\varphi\,(x)}$ kompakt für jedes $x \in G$. Nach dem Satz von Ascoli-Bourbaki (siehe Bourbaki [3]) ist $(\overline{G\,\varphi})_{T_{\mathfrak{K}}}$ kompakt. Wegen der gleichgradigen Stetigkeit von $G\,\varphi$ fallen auf $(\overline{G\,\varphi})_{T_{\mathfrak{P}}}$ und daher auch auf $(\overline{G\,\varphi})_{T_{\mathfrak{A}}} \subset (\overline{G\,\varphi})_{T_{\mathfrak{P}}}$ die Topologien $T_{\mathfrak{P}}$ und $T_{\mathfrak{K}}$ zusammen. Weil $T_{\mathfrak{P}} \subset T_{\mathfrak{A}} \subset T_{\mathfrak{K}}$ ist $T_{\mathfrak{A}} = T_{\mathfrak{K}}$ auf $(\overline{G\,\varphi})_{T_{\mathfrak{P}}}$.

Da G lokalkompakt ist, ergibt $(G, (\overline{G\,\varphi})_{T_{\mathfrak{A}}}, \pi)$ eine topologische Transformationsgruppe. Dabei bedeutet π die Abbildung $(g, \psi) \rightarrow g\,\psi$ mit dem früher erklärten $g\,\psi$. Nach Gottschalk-Hedlund [9] Theorem 11.26 ist π stetig (nach oben ist $T_{\mathfrak{A}} = T_{\mathfrak{K}}$!). Gemäß Definition 2.1 ist φ ein fastperiodisches Element der Transformationsgruppe $(G, (\overline{G\,\varphi})_{T_{\mathfrak{A}}}, \pi)$ (vgl. Gottschalk-Hedlund [9] Definitionen 3.13 und 3.38). Ein fastperiodisches Element φ besitzt nach [9] 4.07 eine minimale Bahnhülle $(\overline{G\,\varphi})_{T_{\mathfrak{A}}}$. Weil G lokalkompakt und daher ein k-Raum und S vollständig ist, ist nach Kelley [12] auch X vollständig.

$(\overline{G\,\varphi})_{T_{\mathfrak{K}}}$ ist also kompakt und minimal, und folglich ist φ nach Flor [7] Satz 9 eine gleichmäßig rhythmische Funktion.

w. z. b. w.

2.4. Lemma: Wenn $(\overline{G\,\varphi})_{T_{\mathfrak{A}}}$ minimal ist, dann gilt:

$$\overline{\varphi\,(G)} = \overline{\psi\,(G)} \qquad \forall\, \psi \in (\overline{G\,\varphi})_{T_{\mathfrak{A}}}. \tag{6}$$

Beweis: Seien $\alpha \in \mathfrak{B}$, $x \in G$ und $\psi \in (\overline{G\,\varphi})_{T_{\mathfrak{A}}}$ beliebig gewählt. Es existiert ein Element $g \in G$, für das gilt: $[\psi\,(x), \varphi\,(x + g)] \in \alpha$. Daher ist $\psi\,(G) \subset \overline{\varphi\,(G)}$ und damit auch $\overline{\psi\,(G)} \subset \overline{\varphi\,(G)}$. Wegen der Minimalität von $(\overline{G\,\varphi})_{T_{\mathfrak{A}}}$ ist $\varphi \in \overline{G\,\psi}$. Wie oben folgt daraus $\overline{\varphi\,(G)} \subset \overline{\psi\,(G)}$. Insgesamt ergibt sich also $\overline{\varphi\,(G)} = \overline{\psi\,(G)}$ für beliebiges $\psi \in (\overline{G\,\varphi})_{T_{\mathfrak{A}}}$.

w. z. z. w.

3. Gleichgradige Stetigkeit von Transformationsmengen

Es seien S, S' separierte uniforme Räume mit den Nachbarschaftsfiltern $\mathfrak{B}$ bzw. $\mathfrak{B}'$. $C\,(S, S)$ und $C\,(S, S')$ seien Räume stetiger Funktionen von S in S bzw. von S in S' jeweils versehen mit der uniformen

Struktur der gleichmäßigen Konvergenz auf den kompakten Teilmengen von S.

Weiters seien $A \subset C(S, S)$ $(A \neq \phi)$ und $\varphi \in C(S, S')$ beliebig.

3.1. Definition: $\varphi A = \{\varphi a / a \in A\}$ heißt Bahn von φ (unter A) und $\overline{\varphi A}$ die Bahnhülle von φ [gebildet in der Topologie von $C(S, S')$]. Dabei bedeutet φa die Zusammensetzung der Funktionen a und φ.

Die Hülle wird ab nun stets in der kompakt-offenen Topologie des jeweils betrachteten Funktionenraumes gebildet, falls nicht ausdrücklich andere Topologien verwendet werden.

$\mathfrak{B}_R$ bezeichne die von der Menge T der Funktionen $\varphi \in C(S, S')$ mit totalbeschränkter Bahn auf S induzierte uniforme Struktur.

3.2. Satz: Sei S lokalkompakt. Dann ist A eine gleichgradig stetige Menge von Funktionen von $(S, \mathfrak{B})$ in $(S, \mathfrak{B}_R)$.

Beweis: Sei $x \in S$, $n \in N$ und $U(x)$ eine kompakte Umgebung von x. Weiters seien $\varphi_i \in T$, $\alpha_i \in \mathfrak{B}'$ sowie symmetrische $\beta_i \in \mathfrak{B}'$ mit $\beta_i^3 \subset \alpha_i$ für $1 \leqslant i \leqslant n$ gewählt. Die folgende Konstruktion wird für jedes i $(1 \leqslant i \leqslant n)$ getrennt durchgeführt. Sei also i zwischen 1 und n gewählt.

Zu $U(x)$, β_i existiert eine endliche Menge $B_i \subset A$, so daß es zu beliebigem $a \in A$ ein $b_a \in B_i$ gibt, so daß gilt:

$$(\varphi_i a, \varphi_i b_a) \in (U(x), \beta_i). \tag{1}$$

Wegen der Stetigkeit von $\varphi_i b_a$ im Punkt x und der Lokalkompaktheit von S gibt es eine kompakte Umgebung $U'_{i, b_a}(x)$, so daß gilt:

$$[\varphi_i b_a(x), \varphi_i b_a(y)] \in \beta_i \quad \forall\, y \in U'_{i, b_a}(x). \tag{2}$$

Sei nun $U''_{i, b_a}(x) = U'_{i, b_a}(x) \cap U(x)$. Für $y \in U''_{i, b_a}(x)$ gilt daher:

wegen (1): $[\varphi_i a(x), \varphi_i b_a(x)] \in \beta_i$

$[\varphi_i a(y), \varphi_i b_a(y)] \in \beta_i$

sowie wegen (2): $[\varphi_i b_a(x), \varphi_i b_a(y)] \in \beta_i$.

Daraus folgt:

$$[\varphi_i a(x), \varphi_i a(y)] \in \beta_i^3 \subset \alpha_i \quad \forall\, y \in U''_{i, b_a}(x)$$

für alle a, für die dasselbe b_a in (1) genommen werden kann.

Da B_i endlich ist, ist $U_i'''(x) = \bigcap_{b_a \in B_i} U_{i,\, b_a}''(x)$ eine kompakte Umgebung von x. Man erhält also für alle i $(1 \leqslant i \leqslant n)$ eine kompakte Umgebung $U_i'''(x)$. Es sei nun $V(x) = \bigcap_{1 \leq i \leq n} U_i'''(x)$. Somit existiert für jedes $x \in S$ eine Umgebung $V(x)$, so daß gilt:

$$[\varphi_i\, a(x), \varphi_i\, a(y)] \in \alpha_i \quad \forall\, y \in V(x), \forall\, \alpha_i \in \mathfrak{V}' \; (1 \leqslant i \leqslant n), \forall\, a \in A.$$

Dies ergibt aber die Behauptung des Satzes.

w. z. b. w.

Bemerkung: Satz 3.2 enthält ein von Ellis [6] für kompakte Räume erzieltes Resultat.

4. Rhythmische und schwach rhythmische Funktionen

Für den Rest der Arbeit seien S, S', $C(S, S)$, $C(S, S')$ und A wie in § 3 definiert.

4.1. Definition: $\varphi \in C(S, S')$ heißt schwach rhythmisch (s-rh.) (bezüglich A), wenn gilt:

1. $\overline{\varphi A}$ ist kompakt.
2. $\overline{\varphi(S)} = \overline{\psi(S)} \quad \forall\, \psi \in \overline{\varphi A}$ („Schwingungsbedingung").

4.2. Definition: $\varphi \in C(S, S')$ heißt rhythmisch (bezüglich A), wenn gilt:

1. $\overline{\varphi A}$ ist kompakt.
2. $\overline{\varphi A} = \overline{\psi A} \quad \forall\, \psi \in \overline{\varphi A}$.

Bemerkung: Ellis [6] nannte für kompakte S eine Funktion $\varphi \in C(S, S')$ fastperiodisch, wenn $\overline{\varphi A}$ kompakt ist in der Topologie der gleichmäßigen Konvergenz auf S. Es soll nun gezeigt werden, daß für kompakte S und gewisse Systeme A dieser Begriff mit dem der schwach rhythmischen Funktionen zusammenfällt.

4.3. Satz: Seien S kompakt, $S' = R$ und jedes $a \in A$ sei eine surjektive Funktion. Dann gilt: Eine Funktion $\varphi \in C(S, S')$ ist Ellis-fastperiodisch genau dann, wenn sie schwach rhythmisch ist.

Beweis: a) Auf $C(S, S')$ fallen die Topologien der gleichmäßigen und der kompakten Konvergenz zusammen, und daher ist jede schwach rhythmische Funktion auch Ellis-fastperiodisch.

b) Sei nun φ Ellis-fastperiodisch. Nach a) genügt es, zu zeigen, daß φ die Bedingung 2 in Definition 4.1 erfüllt. Sei $\psi \in \overline{\varphi A}$, d. h.,

$$\forall \varepsilon > 0 \quad \exists a_\varepsilon \in A, \text{ so daß } |\psi(x) - \varphi a_\varepsilon(x)| < \varepsilon \quad \forall x \in S. \tag{1}$$

Sei $y \in \overline{\psi(S)}$. Wegen der Stetigkeit von ψ und der Kompaktheit von S ist $\overline{\psi(S)} = \psi(S)$; es gibt $x_y \in S$ mit $y = \psi(x_y)$. Nach oben gilt also

$$|y - \varphi a_\varepsilon(x_y)| < \varepsilon \quad \text{und damit} \quad y \in \overline{\varphi A(S)} \subset \overline{\varphi(S)}$$

und

$$\psi(S) \subset \overline{\varphi(S)}. \tag{2}$$

Nun sei $z \in \overline{\varphi(S)}$; zu $\varepsilon > 0$ existiert $a_\varepsilon \in A$, so daß (1) gilt. Weiters gibt es ein $z' \in S$, so daß $z = \varphi(z')$; da a_ε surjektiv ist, existiert ein $z_\varepsilon'' \in S$, so daß $z' = a_\varepsilon(z_\varepsilon'')$ und daher $z = \varphi a_\varepsilon(z_\varepsilon'')$ ist. Aus

$$|\psi(z_\varepsilon'') - z| < \varepsilon \quad \text{folgt} \quad z \in \overline{\psi(S)} \text{ und } \overline{\varphi(S)} \subset \overline{\psi(S)}. \tag{3}$$

Aus (2) und (3) folgt $\overline{\varphi(S)} = \overline{\psi(S)}$. q. e. d.

Bemerkung: Es wird später eine umfassendere Klasse von Systemen (S, A) angegeben werden (die selektiven Systeme), für die jede Funktion $\varphi \in C(S, S')$ die Bedingung 2 von Definition 4.1 erfüllt.

4.4. Lemma: Es sei $\varphi \in C(S, S')$ gleichmäßig stetig auf $\overline{A(S)} = \overline{\{a(s)/a \in A, s \in S\}}$. Dann ist φ schwach rhythmisch bezüglich A genau dann, wenn φ schwach rhythmisch ist bezüglich $\bar{A}$.

Beweis: Zunächst ist $\bar{A}(S) \subset \overline{A(S)}$, denn sei $a \in \bar{A}$; zu $\beta \in \mathfrak{V}$, $x \in S$ existiert ein $a' \in A$, so daß $[a(x), a'(x)] \in \beta$.

Damit ist $a(x) \in \overline{A(x)}$ für alle $x \in S$, $a \in \bar{A}$ und daher auch $\bar{A}(S) \subset \subset \overline{A(S)}$. Zu $\alpha \in \mathfrak{V}'$, $K \subset S$ kompakt, $a \in \bar{A}$ existiert $\beta \in \mathfrak{V}$, so daß

$$[\varphi(y'), \varphi(y'')] \in \alpha \quad \forall (y', y'') \in \beta \quad \text{und} \quad y', y'' \in \overline{A(S)}.$$

Zu K, β gibt es $a' \in A$, so daß $(a, a') \in (K, \beta)$. Wegen $\bar{A}(S) \subset \overline{A(S)}$ ist $(\varphi a, \varphi a') \in (K, \alpha)$, folglich $\varphi a \in \overline{\varphi A}$ und daher $\overline{\varphi \bar{A}} \subset \overline{\varphi A}$. Also ist $\overline{\varphi \bar{A}}$ kompakt. Die Umkehrung ergibt sich trivialerweise aus $\overline{\varphi A} \subset \subset \overline{\varphi \bar{A}}$.

4.5. Definition: A heißt transitiv in $x \in S$, wenn es für jedes $y \in S$ und jede Umgebung U von y ein $a \in A$ gibt, so daß $a(x) \in U$.

Ein topologischer Raum S heißt k_0-Raum, wenn jede Menge U eine Umgebung von $x_0 \in S$ ist, falls für sie gilt, daß $U \cap K$ eine Umgebung von x_0 im Teilraum K ist für jede kompakte Menge K, die x_0 enthält. Jeder k_0-Raum ist ein k-Raum im Sinne von Kelley. Zu den k_0-Räumen gehören z. B. die lokalkompakten Hausdorffräume sowie die vollständig regulären Räume mit abzählbarer Umgebungsbasis für jeden Punkt (vgl. Wada [16]).

4.6. Lemma: Es seien: $\varphi \in C(S, R)$, $\overline{\varphi A}$ kompakt, S ein k_0-Raum und A transitiv für mindestens ein $y \in S$. Dann ist $\overline{\varphi(S)}$ kompakt.

Beweis: Nach Wada [16], Lemma 1, ist $\overline{\varphi A(y)}$ kompakt. Wegen der Transitivität von A in y ist $\overline{A(y)} = S$. Denn sei $z \in S$, $U(z)$ eine beliebige Umgebung von z, dann existiert $a \in A$, so daß $a(y) \in U(z)$. Also ist $z \in \overline{A(y)}$ und somit $S = \overline{A(y)}$. Wegen der Stetigkeit von φ gilt daher: $\overline{\varphi(S)} = \overline{\varphi[\overline{A(y)}]} \subset \overline{\varphi A(y)}$. Daher ist $\overline{\varphi(S)}$ kompakt.

q. e. d.

4.7. Lemma: Die Behauptung in Lemma 4.6 bleibt richtig, wenn S ein lokalkompakter und S' ein beliebiger separierter uniformer Raum ist (die anderen Voraussetzungen bleiben ungeändert bestehen).

Denn dann läßt sich der erste Schluß des Beweises nach dem Satz von Ascoli-Bourbaki führen.

Bemerkung: Im allgemeinen ist die Voraussetzung der Transitivität in den Lemmas 4.6 und 4.7 nicht entbehrlich, denn sei z. B. $S = S' = R$, $A = \{i\, d_R\}$, $\varphi = i\, d_R$. Es ist aber $\overline{\varphi(R)} = R$ nicht kompakt.

4.8. Lemma: Sei φ rhythmisch und $\varphi \in \overline{\varphi A}$. Dann ist φ schwach rhythmisch.

Beweis: Für $\psi \in \overline{\varphi A}$ ist $\psi(x) \in \overline{\varphi(S)}$ $\forall\, x \in S$. Folglich ist $\overline{\psi(S)} \subset \subset \overline{\varphi(S)}$. Da φ rhythmisch ist, gilt $\overline{\varphi A} = \overline{\psi A}$. Wegen der Voraussetzung $\varphi \in \overline{\varphi A}$ ist $\varphi \in \overline{\psi A}$ und daher gilt wie oben $\overline{\varphi(S)} \subset \overline{\psi(S)}$ und $\overline{\varphi(S)} = = \overline{\psi(S)}$ für alle $\psi \in \overline{\varphi A}$.

Bemerkung: Die Voraussetzung von Lemma 4.8 sind erfüllt, wenn φ rhythmisch, gleichmäßig stetig auf $\overline{A(S)}$ und $i\,d_S \in \bar{A}$ ist, denn dann folgt wie in Lemma 4.4 $\overline{\varphi\,\bar{A}} \subset \overline{\varphi\,A}$, und daher ist $\varphi \in \overline{\varphi\,A}$.

Jede (schwach) rhythmische Funktion φ auf einer lokalkompakten abelschen Gruppe G ist gleichmäßig stetig. (Dabei bedeutet A das System aller Translationen $s \to s + t$, $t \in G$.) Da $\overline{G\,\varphi}$ kompakt ist, ist $G\,\varphi$ gleichgradig stetig und φ daher gleichmäßig stetig.

§ 5. Rhythmik und Halbgruppen von Transformationen

Γ bezeichne das System aller nichtleeren kompakten Teilmengen von S. Es bedeute $A\,A = \{a\,a' / a, a' \in A\}$, wobei mit $a\,a'$ die zusammengesetzte Funktion bezeichnet werde. $\bar{A}$ bedeute wieder die Hülle von A in der kompakt-offenen Topologie von $C(S, S)$.

5.1. Definition: A heißt fastmultiplikativ, wenn $A\,A \subset \bar{A}$. D. h. explizit: $\forall\, a, a' \in A$, $\forall\, \beta \in \mathfrak{B}$, $\forall\, K \in \Gamma$ existiert ein $\bar{a} \in A$, so daß gilt:

$$[a\,a'(x), \bar{a}(x)] \in \beta \quad \forall\, x \in K.$$

5.2. Lemma: A ist genau dann fastmultiplikativ, wenn $\bar{A}$ eine semitopologische Halbgruppe ist [d. h., $\bar{A}$ ist eine abstrakte Halbgruppe, für die die Abbildungen $a \to a\,a'$ und $a \to a'\,a$ stetig sind $(a, a' \in \bar{A})$].

Beweis: Sei A fastmultiplikativ. Nach Bourbaki [3] p. 73, Exercice 13 sind $a \to a\,b$ und $a \to b\,a$ stetig $(a, b \in \bar{A})$. Wegen der Stetigkeit von $a \to a\,b$ ist

$$\bar{A}\,a \subset \overline{A\,a} \;\forall\, a \in \bar{A} \text{ und daher } \bar{A}\,\bar{A} \subset \overline{A\,\bar{A}}. \tag{1}$$

Wegen der Stetigkeit von $a \to b\,a$ gilt $a\,\bar{A} \subset \overline{a\,A}$ $\forall\, a \in A$ und deshalb

$$A\,\bar{A} \subset \overline{A\,A} \subset \bar{A}. \tag{2}$$

Aus (1) und (2) folgt $\bar{A}\,\bar{A} \subset \bar{A}$. Die Umkehrung ist trivial.

5.3. Lemma: Sei A fastmultiplikativ und gleichgradig stetig. Dann ist $\bar{A}$ eine topologische Halbgruppe [d. h., $\bar{A}$ ist abstrakte Halbgruppe, in der die Abbildung $(a, b) \to a\,b$ stetig ist].

Beweis: Wegen der gleichgradigen Stetigkeit von A und damit auch von $\bar{A}$ fallen auf $\bar{A}$ die Topologie der punktweisen und der kompakten Konvergenz zusammen. Nach Bourbaki [3] p. 25, Corollaire 5 ist die Abbildung $(a, b) \to a\,b$ stetig.

5.4. Satz: Es sei A fastmultiplikativ, φ schwach rhythmisch und gleichmäßig stetig auf A (S). Weiters sei $\psi \in \overline{\varphi A}$ beliebig gewählt. Dann ist ψ ebenfalls schwach rhythmisch.

Beweis: Es genügt, zu zeigen: $\overline{\psi A} \subset \overline{\varphi A}$. Sei $K \in \Gamma$, $\alpha \in \mathfrak{B}'$, $\beta \in \mathfrak{B}'$ mit $\beta^3 \subset \alpha$. Sei nun $\rho \in \overline{\psi A}$ beliebig gewählt. Dann existiert ein $a' \in A$, so daß $(\rho, \psi\,a') \in (K, \beta)$; weiters gibt es ein $a \in A$, so daß $(\psi, \varphi\,a) \in (a'(K), \beta)$. (Wegen der Stetigkeit von a' ist $a'(K)$ kompakt!) Daraus folgt: $(\psi a', \varphi\,a\,a') \in (K, \beta)$; insgesamt erhält man damit:

$$(\rho, \varphi\,a\,a') \in (K, \beta^2). \tag{3}$$

Wegen der gleichmäßigen Stetigkeit von φ auf A (S) gibt es ein $\gamma \in \mathfrak{B}$, so daß gilt:

$$[\varphi(y'), \varphi(y'')] \in \beta \quad \forall\, y', y'' \in A\,(S) \quad \text{für die} \quad [y', y''] \in \gamma. \tag{4}$$

Zu γ existiert ein $\bar{a}$, so daß $[a\,a'(x), \bar{a}(x)] \in \gamma$ $\forall\, x \in K$. Damit gilt also:

$$(\varphi\,a\,a', \varphi\,\bar{a}) \in (K, \beta). \tag{5}$$

Aus (3) und (5) folgt: $(\rho, \varphi\,\bar{a}) \in (K, \beta^3) \subset (K, \alpha)$.
Also ist $\rho \in \overline{\varphi A}$ und damit $\overline{\psi A} \subset \overline{\varphi A}$. w. z. b. w.

Man kann sich in Satz 5.4 von der Voraussetzung der gleichmäßigen Stetigkeit von φ befreien, wenn man für A eine etwas schärfere Forderung stellt.

5.5. Definition: A heißt streng-fastmultiplikativ, wenn gilt:

$$\forall\, K \in \Gamma,\ \forall\, \alpha \in \mathfrak{B},\ \forall\, a, a' \in A \ \text{gibt es}\ \bar{a} \in A, \text{ so daß}$$
$$[a\,a'(x), \bar{a}(x)] \in \alpha \quad \forall\, x \in K \quad \text{und} \quad \bar{a}(K) \subset a\,a'(K).$$

5.6. Lemma: Sei A streng-fastmultiplikativ, $\varphi \in C(S, S')$ und $\psi \in \overline{\varphi A}$. Dann ist $\overline{\psi A} \subset \overline{\varphi A}$.

Beweis: Der Beweis erfolgt wie bei Satz 5.4 bis Zeile (4). Wegen der Kompaktheit von $a\,a'(K)$ ist φ auf $a\,a'(K)$ gleichmäßig stetig. Daher existiert ein $\gamma \in \mathfrak{B}$, so daß

$$[\varphi(y'), \varphi(y'')] \in \beta \quad \forall\, y', y'' \in a\,a'(K) \quad \text{für die} \quad (y', y'') \in \gamma.$$

Da A streng-fastmultiplikativ ist, gibt es ein $\bar{a} \in A$, so daß

$$(a\,a', \bar{a}) \in (K, \gamma) \quad \text{und} \quad \bar{a}\,(K) \subset a\,a'\,(K).$$

Daraus folgt:

$$(\varphi\, a\, a', \varphi\, \bar{a}) \in (K, \beta). \tag{6}$$

Aus (3) und (6) ergibt sich: $(\rho, \varphi\,\bar{a}) \in (K, \beta^3) \subset (K, \alpha)$ und somit $\overline{\psi\, A} \subset \overline{\varphi\, A}$.

w. z. b. w.

Bemerkung: Auf Grund des Lemmas 5.6 bleibt Satz 5.4 richtig, wenn man die Voraussetzung der gleichmäßigen Stetigkeit von φ streicht und dafür A als streng-fastmultiplikativ annimmt. (Die anderen Voraussetzungen bleiben ungeändert.)

5.7. Satz: Sei A streng-fastmultiplikativ. Dann gilt: $\varphi \in C\,(S, S')$ ist dann und nur dann rhythmisch bezüglich A, wenn folgende Bedingung erfüllt ist:

(M) Aus $B \neq \phi$, B abgeschlossen, $B \subset \overline{\varphi\, A}$ und $B\, A \subset B$ folgt $B = \overline{\varphi\, A}$. $\overline{\varphi\, A}$ ist kompakt.

Beweis: a) Es gelte (M). Nach Lemma 5.6 gilt für $\psi \in \overline{\varphi\, A}$:

$$\overline{\psi\, A}\, A \subset \overline{\psi\, A}.$$

Nach (M) ist dann $\overline{\psi\, A} = \overline{\varphi\, A}$, d. h. φ ist rhythmisch.

b) Sei nun φ rhythmisch. Es sei $B \neq \phi$, abgeschlossen, $B \subset \overline{\varphi\, A}$ und $B\, A \subset B$. Daraus folgt:

$$\overline{B\, A} \subset \overline{B} = B. \tag{7}$$

Für $b \in B$ ist $\overline{b\, A} = \overline{\varphi\, A}$. Also ist $\overline{B\, A} = \overline{\varphi\, A}$. Aus (7) folgt: $\overline{\varphi\, A} \subset \overline{B\, A} \subset$ $\subset B$ und daher $B = \overline{\varphi\, A}$.

w. z. z. w.

5.8. Beispiel: Im folgenden wird ein Beispiel eines fastmultiplikativen Systems angegeben, das keine Halbgruppe ist. Unter $\operatorname{arc\,tg} x$ werde stets der Hauptwert verstanden.

A sei nun folgendes System von Funktionen von R in R: Alle Funktionen $x \to \operatorname{arc\,tg} t\, x$ für reelle Werte t mit $0 \leqslant t \leqslant 1$, sowie alle endlichen Zusammensetzungen obiger Funktionen für rationale t mit $0 \leqslant t \leqslant 1$.

A ist fastmultiplikativ, denn: Alle Funktionen folgender Gestalt gehören zu A:

$$f(x) = \operatorname{arc\,tg} t_1 \{\operatorname{arc\,tg} t_2 [\ldots \quad \ldots (\operatorname{arc\,tg} t_n x)] \ldots\}, \tag{8}$$

wobei n eine natürliche Zahl ist und die t_i $(1 \leqslant i \leqslant n)$ rationale Zahlen aus $[0,1]$ sind. Alle paarweisen Zusammensetzungen von Funktionen von A bestehen aus Funktionen (8) sowie aus Funktionen der folgenden beiden Arten: (o. B. d. A. sei $t \in (0,1]$)

a) $g_{1,t}(x) = f(\operatorname{arc\,tg} t\, x)$
b) $g_{2,t}(x) = \operatorname{arc\,tg} [t f(x)]$

wobei f beliebige Funktionen der Gestalt (8) sind.

Sei K kompakt, $\varepsilon > 0$. Sei M obere Schranke von $\{|x|/x \in K\}$. Wegen der gleichmäßigen Stetigkeit von $f(\operatorname{arc\,tg}(\cdot)]$ gibt es zu $\varepsilon > 0$ ein $\delta > 0$, so daß

$$|f(\operatorname{arc\,tg} y) - f(\operatorname{arc\,tg} y')| < \varepsilon \quad \forall\, y, y' \quad \text{mit} \quad |y - y'| < \delta.$$

Zu beliebigem $t \in (0,1]$ existiert ein rationales $t_r \in (0,1]$ derart, daß $|t - t_r| < \frac{\delta}{M}$. Daraus folgt $|t\,x - t_r\,x| = |t - t_r|\,|x| < \frac{\delta}{M} M = \delta$ $\forall\, x \in K$. Daher gilt $|g_{1,t}(x) - g_{1,t_r}(x)| < \varepsilon \quad \forall\, x \in K$; g_{1,t_r} gehört aber zu A.

Für $g_{2,t}$ erhält man durch eine analoge Konstruktion eine Funktion g_{2,t_r} aus A, für die gilt:

$$|g_{2,t}(x) - g_{2,t_r}(x)| < \varepsilon \quad \forall\, x \in K.$$

[Beim Beweis wird diesmal für M eine obere Schranke von $\{|f(x)|/x \in K\}$ genommen.]

§ 6. Stetige Transformationen rhythmischer Funktionen

f bedeute eine stetige Funktion von S' in einen weiteren separierten uniformen Raum S''. S'' habe den Nachbarschaftsfilter $\mathfrak{V}''$.

6.1. Lemma: Sei f eine gleichmäßig stetige Abbildung von S' in S''. Weiters sei $\varphi \in C(S, S')$ und φA totalbeschränkt. Dann ist auch $(f\varphi) A$

totalbeschränkt. (Dabei werden jeweils die Topologien der kompakten Konvergenz auf S betrachtet.)

Beweis: Es seien $K \in \Gamma$ und $\alpha'' \in \mathfrak{B}''$ beliebig gewählt; sei $\beta \in \mathfrak{B}''$ symmetrisch mit $\beta^2 \subset \alpha''$. Zu β existiert ein $\alpha' \in \mathfrak{B}'$, so daß

$$[f(y'), f(y'')] \in \beta \quad \forall\, y', y'' \quad \text{mit} \quad [y', y''] \in \alpha'.$$

Sei nun $\psi \in \overline{(f\,\varphi)\,A}$ beliebig, d. h., zu (K, β) gibt es ein $a \in A$, so daß

$$(\psi, f\,\varphi\, a) \in (K, \beta). \tag{1}$$

Wegen der Totalbeschränktheit von φA existieren zu (K, α') endlich viele Elemente $a_1, \ldots, a_n \in A$, so daß es zu jedem $\rho \in \overline{\varphi A}$ ein a_{i_ρ} ($1 \leqslant i_\rho \leqslant n$) gibt, so daß

$$(\rho, \varphi\, a_{i_\rho}) \in (K, \alpha');$$

also gibt es insbesondere zu obigem φa ein i' ($1 \leqslant i' \leqslant n$) derart, daß

$$(\varphi\, a, \varphi\, a_{i'}) \in (K, \alpha').$$

Daraus folgt:
$$(f\,\varphi\, a, f\,\varphi\, a_{i'}) \in (K, \beta). \tag{2}$$

Aus (1) und (2) folgt schließlich: $(\psi, f\,\varphi\, a_{i'}) \in (K, \beta^2) \subset (K, a'')$. q. e. d.

6.2. Satz: Es seien S' und S'' vollständige uniforme Räume und f eine gleichmäßig stetige Abbildung von S' in S''. Zu f gebe es eine stetige Funktion g von S'' in S', so daß $g\,f(x') = x' \quad \forall\, x' \in S'$. Außerdem sei S ein k-Raum im Sinne von Kelley. Weiters sei $\varphi \in C(S, S')$ und φA gleichgradig stetig. Wenn φ schwach rhythmisch ist, dann ist auch $f\,\varphi$ schwach rhythmisch.

Beweis: a) $C(S, S')$ und $C(S, S'')$ sind vollständig. Nach Lemma 6.1 ist daher $\overline{(f\,\varphi)\,A}$ kompakt.

b) Sei $\tau \in \overline{(f\,\varphi)\,A}$ beliebig gewählt. Es sei $g\,\tau = \psi$. Es gilt stets $\tau(S) \subset \overline{f(S)}$. Auf $f(S')$ stimmen $f\,g$ und die identische Abbildung $i\,d_{S''}$ überein, also stimmen sie auch auf $\overline{f(S')}$ überein. Deshalb gilt: $\tau = f\,\psi$. Nun wird gezeigt: $\psi \in \overline{\varphi A}$: Dies wird indirekt durchgeführt. Angenommen es ist $\psi \notin \overline{\varphi A}$, dann existieren $K \in \Gamma$, $\alpha' \in \mathfrak{B}'$, so daß es zu jedem $a \in A$ ein $x_a \in K$ gibt mit

$$[\psi(x_a), \varphi\, a(x_a)] \notin \alpha'. \tag{3}$$

K und α' von oben werden nun festgehalten. Weil $\tau \in \overline{(f\,\varphi)\,A}$, so gibt es zu jedem $\beta \in \mathfrak{V}''$ ein $a \in A$, so daß $(\tau, f\,\varphi\,a) \in (K, \beta)$. Es seien β_1 und $\beta_2 \in \mathfrak{V}''$ und a_1, a_2 im obigen Sinne zu β_1 bzw. β_2 gehörige Elemente von A. Es heiße $a_2 \geqslant a_1$, wenn $\beta_2 \subset \beta_1$. Jedem Element einer Basis des Nachbarschaftsfilters $\mathfrak{V}''$ werde nach oben ein $a \in A$ zugeordnet. Diese Menge M obiger Elemente $a \in A$ bildet in der eben eingeführten Ordnung ein Netz. Das nach (3) zugehörige Netz der $x_a \in K$ $(a \in M)$ besitzt wegen der Kompaktheit von K einen Berührungspunkt $y \in K$, der durch Übergang zu einem Teilnetz als Limes dargestellt werden kann. Da nun das zugehörige Teilnetz der $\varphi\,a$ in $\overline{\varphi\,A}$ wegen der Kompaktheit ebenfalls einen Berührungspunkt $\rho \in \overline{\varphi\,A}$ besitzt, so läßt sich dieser durch Übergang zu einem weiteren Teilnetz auch als Limes darstellen. Also existiert eine gerichtete Menge I, $y \in K$, $\rho \in \overline{\varphi\,A}$ und a_i $(i \in I)$, so daß $\rho = \lim\limits_{i \in I} \varphi\,a_i$, $y = \lim\limits_{i \in I} x_{a_i}$.

Es sei $\alpha_1 \in \mathfrak{V}''$ symmetrisch, so daß $\alpha_1{}^4 \subset \alpha'$. Wegen der Stetigkeit von ψ in y gibt es eine Umgebung $U(y)$ von y, so daß

$$[\psi(z), \psi(y)] \in \alpha_1 \quad \forall\, z \in U(y).$$

Da $\varphi\,A$ gleichgradig stetig ist, existiert eine Umgebung $U'(y)$, so daß

$$[\varphi\,a(z), \varphi\,a(y)] \in \alpha_1 \quad \forall\, z \in U'(y), \forall\, a \in A.$$

Sei $W(y) = U(y) \cap U'(y)$. Dann gibt es $a_{i'}$ $(i' \in I)$ mit dem zugehörigen $x_{a_{i'}} \in K$, so daß $x_{a_{i'}} \in W(y)$ und $\varphi\,a_{i'}$ in der durch K und α_1 um ρ gegebenen Umgebung liegt. Für $a_{i'}$ gilt also:

$$[\varphi\,a_{i'}(y), \rho(y)] \in \alpha_1 \tag{4}$$

$$[\varphi\,a_{i'}(x_{a_{i'}}), \varphi\,a_{i'}(y)] \in \alpha_1 \tag{5}$$

$$[\psi(x_{a_{i'}}), \psi(y)] \in \alpha_1. \tag{6}$$

Daraus folgt:

$$[\psi(y), \rho(y)] \notin \alpha_1, \tag{7}$$

denn wäre

$$[\psi(y), \rho(y)] \in \alpha_1, \tag{8}$$

dann wäre nach (4), (5), (6) und (8):

$$[\psi(x_{a_{i'}}), \varphi\,a_{i'}(x_{a_{i'}})] \in \alpha_1{}^4 \subset \alpha'$$

in Widerspruch zu (3). Daher gilt (7).

Sei $\alpha'' \in \mathfrak{B}''$ beliebig, $\beta \in \mathfrak{B}''$ mit $\beta^2 \subset \alpha''$. Da $\tau \in \overline{(f\,\varphi)\,A}$, existiert zu (K, β) ein $a_i \in M$ $(i \in I)$, so daß

$$(\tau, f\,\varphi\,a_i) \in (K, \beta). \tag{9}$$

Wegen der gleichmäßigen Stetigkeit von f gibt es ein $\alpha_2 \in \mathfrak{B}'$, so daß α_2 symmetrisch ist und gilt:

$$[f(y'), f(y'')] \in \beta \quad \forall\, y', y'' \quad \text{mit } [y', y''] \in \alpha_2. \tag{10}$$

Wegen $\rho = \lim\limits_{i \in I} \varphi\,a_i$ existiert ein $a_{i'}$ $(i' \in I)$, so daß

$$(\rho, \varphi\,a_{i'}) \in (K, \alpha_2). \tag{11}$$

Wegen der Limeseigenschaften läßt sich $a_{i''}$ $(i'' \in I)$ finden, für das sowohl (9) als auch (11) gilt (mit $a_{i''}$ anstelle von a_i bzw. $a_{i'}$). Aus (9), (10) und (11) folgt:

$$(\tau, f\,\rho) \in (K, \beta^2) \subset (K, \alpha'').$$

Aufgrund der Separiertheit von $\overline{(f\,\varphi)\,A}$ folgt daraus:

$$\tau(x) = f\,\rho(x) \quad \forall\, x \in K.$$

Es war aber $\tau(x) = f\,\psi(x)$ $\forall\, x \in S$. Da f injektiv ist, folgt daraus

$$\rho(x) = \psi(x) \quad \forall\, x \in K, \text{ also insbesondere auch für } y.$$

Dies ist aber ein Widerspruch zu (7). Daher gilt: $\psi \in \overline{\varphi\,A}$.

$$\textbf{c)}\ f\,\varphi\,(S) \subset \overline{f\,\varphi\,(S)} \subset f\,[\overline{\varphi\,(S)}] \underset{(12)}{=} f\,[\overline{\psi\,(S)}] \underset{(13)}{\subset} \overline{f\,\psi\,(S)} = \overline{\tau\,(S)}.$$

(12) gilt, weil $\psi \in \overline{\varphi\,A}$ und φ schwach rhythmisch ist,
(13) gilt wegen der Stetigkeit von f.
Also ist $(f\,\varphi)\,(S) \subset \overline{\tau\,(S)}$ und daher auch

$$\overline{\tau\,(S)} = \overline{(f\,\varphi)\,(S)} \quad \forall\, \tau \in \overline{(f\,\varphi)\,A}.$$

Zusammen mit Teil a) bedeutet dies, daß $f\,\varphi$ schwach rhythmisch ist.

w. z. b. w.

6.3. Satz: Sei S eine separierte, abelsche, lokalkompakte, topologische Gruppe. A sei das System aller Translationen auf S. f sei eine stetige Abbildung von S' in S'' (S', S'' und g seien wie in Satz 6.2). Wenn

$\varphi \in C(S, S')$ schwach rhythmisch ist, dann ist auch $f\varphi$ schwach rhythmisch.

Beweis: Nach dem Satz von Ascoli-Bourbaki ist $\overline{\varphi(S)}$ kompakt und für jedes $\psi \in \overline{\varphi A}$ ist $\psi(S) \subset \overline{\varphi(S)}$. Daher ist f auf $\overline{\varphi(S)}$ gleichmäßig stetig (und nur diese Eigenschaft wird in den Beweisen von Lemma 6.1 und Satz 6.2 verwendet). Ebenfalls nach dem Satz von Ascoli ist φA gleichgradig stetig. Damit ist nach Satz 6.2 $f\varphi$ schwach rhythmisch. q. e. d.

§ 7. Rhythmische und schwach rhythmische Systeme

(φ, ψ) bedeute eine Funktion von S in $S' x S'$ folgender Art:

$$(\varphi, \psi)(x) = [\varphi(x), \psi(x)] \quad \forall\, x \in S \quad [\varphi, \psi \in C(S, S')].$$

Es sei $(\varphi, \psi)\, a = (\varphi a, \psi a)$ für $a \in A \subset C(S, S)$.

7.1. Lemma: In der Menge $C(S, S' \times S') = C(S, S') \times C(S, S')$ ist die kompakt-offene Topologie $T_{\mathfrak{K}}$ gleich der Produkttopologie T_P des topologischen Produktes der Räume $C(S, S')$ [dabei sei $C(S, S')$ mit der kompakt-offenen Topologie versehen].

Beweis: Seien $\varphi, \psi \in C(S, S')$ beliebig gewählt. Weiters seien $\alpha, \beta \in \mathfrak{V}'$. Wir betrachten folgende Umgebung von (φ, ψ) in der Topologie $T_{\mathfrak{K}}$:

$$U[(\varphi, \psi)] = \{(\varphi', \psi')/[(\varphi', \psi'), (\varphi, \psi)] \in [K, (\alpha, \beta)]\}.$$

Dann existieren Umgebung $U_1(\varphi)$ und $U_2(\psi)$ im Raum $C(S, S')$ mit

$$U_1(\varphi) \times U_2(\psi) \subset U[(\varphi, \psi)],$$

wobei $U_1(\varphi) = \{\varphi'/(\varphi', \varphi) \in (K, \alpha)\}$ und $U_2(\psi) = \{\psi'/(\psi', \psi) \in (K, \beta)\}$.

Es seien nun umgekehrt

$$V_1(\varphi) = \{\varphi'/(\varphi', \varphi) \in (K_1, \alpha_1)\} \quad \text{und} \quad V_2(\psi) = \{\psi'/(\psi', \psi) \in (K_2, \alpha_2)\}$$

mit K_1, K_2 kompakt $(\neq \phi)$ und $\alpha_1, \alpha_2 \in \mathfrak{V}'$ gegeben. Dann gibt es ein $\gamma \in V'$, so daß $(\gamma, \gamma) \subset (\alpha_1, \alpha_2)$ (z. B. $\gamma \subset \alpha_1 \cap \alpha_2$). Dafür gilt: $V_1 \times V_2 \supset \{(\varphi', \psi')/[(\varphi', \psi'), (\varphi, \psi)] \in [K_1 \cup K_2, (\gamma, \gamma)]\}$.

7.2. Satz: Es seien $\varphi, \psi \in C(S, S')$ mit $\overline{\varphi A}$ und $\overline{\psi A}$ kompakt. Dann ist auch $\overline{[(\varphi, \psi) A]}_{T_{\mathfrak{K}}}$ kompakt.

Beweis: Nach Lemma 7.1 ist in $C(S, S' \times S')$ $T_P = T_{\mathfrak{K}}$.

$$\overline{[(\varphi, \psi)\, A]}_{T_{\mathfrak{K}} = T_P} \subset \overline{(\varphi A, \psi A)}_{T_P} = (\overline{\varphi A}, \overline{\psi A}).$$

Nach dem Satz von **Tychonow** ist $(\overline{\varphi A}, \overline{\psi A})$ kompakt in der Produkttopologie und daraus folgt die Behauptung. w. z. z. w.

7.3. Bemerkung: Wenn man also zeigen will, daß mit φ, ψ rhythmisch (bzw. schwach rhythmisch) auch (φ, ψ) rhythmisch (bzw. schwach rhythmisch) ist, so genügt es, nachzuweisen, daß die 2. Bedingung von Definition 4.2 (bzw. Def. 4.1) erfüllt ist.

7.4. Beispiel: Wenn φ und ψ schwach rhythmisch sind, dann braucht (φ, ψ) nicht wieder schwach rhythmisch zu sein (selbst dann nicht, wenn ψ aus der Bahnhülle von φ ist), wie nachstehendes Beispiel zeigt.

Es sei $S = S' = R$ und $A = G$ die Gruppe der additiven Translationen auf R. Unter arc tg x werde stets der Hauptwert verstanden. Es sei φ: $x \to (\sin x) \mid \operatorname{arc\,tg} x \mid$. Wegen der gleichmäßigen Stetigkeit von φ und der Kompaktheit von $\overline{G \varphi(x)}$ für jedes $x \in R$ ist $\overline{G \varphi}$ kompakt (in der kompakt-offenen Topologie). φ ist schwach rhythmisch, aber nicht rhythmisch, wie leicht zu sehen ist. Es sei $\psi : x \to \frac{\pi}{2} \sin x$. Dann ist $\psi \in \overline{G \varphi}$. Weiters sei $\tau = (\varphi, \psi)$ und $\rho : x \to \left(\frac{\pi}{2} \sin x, \frac{\pi}{2} \sin x\right)$. Es läßt sich leicht zeigen, daß $\rho \in \overline{G \tau}$. Da aber

$$\rho(R) = \left\{\left(\frac{\pi}{2} \sin x, \frac{\pi}{2} \sin x\right) / x \in R\right\}$$

abgeschlossen und G-invariant ist und $\rho\,\overline{(R)} \neq \overline{\tau\,(R)}$ ist (denn z. B. ist $\tau\left(\frac{\pi}{2}\right) \notin \overline{\rho\,(R)}$], so ist τ nicht schwach rhythmisch.

Dieses Beispiel gibt Anlaß zu folgender Definition:

7.5. Definition: Eine schwach rhythmische Funktion $\varphi \in C(S, S')$ heißt absolut schwach rhythmisch, wenn (φ, ψ) schwach rhythmisch ist für jede schwach rhythmische Funktion $\psi \in C(S, S')$.

§ 8. Selektive Systeme

$\Gamma(S)$ bedeute das System aller nichtleeren, kompakten Teilmengen von S.

8.1. Definition: Ein System (S, A) heißt selektiv, wenn folgende Bedingung erfüllt ist:

$\forall\, s \in S$, $\forall\, \alpha \in \mathfrak{B}$ existiert ein $K \in \Gamma(S)$, so daß es zu jedem $a \in A$ ein $x_a \in K$ gibt, für das gilt: $[a(x_a), s] \in \alpha$.

Diese Definition läßt sich auch so ausdrücken:

$\forall\, s \in S$ und $\forall\, \alpha \in \mathfrak{B}$ gibt es ein $K \in \Gamma(S)$, so daß $a(K) \cap \alpha(s) \neq \phi \quad \forall\, a \in A$

[dabei bedeutet $\alpha(s)$ die gleichmäßige Umgebung um s bezüglich α].

8.2. Lemma: Wenn (S, A) selektiv ist, dann ist auch $(S, \bar{A})$ selektiv.

Beweis: Es seien $s \in S$, $\alpha \in \mathfrak{B}$, $\beta \in \mathfrak{B}$ symmetrisch mit $\beta^2 \subset \alpha$. Zu s, β existiert $K \in \Gamma(S)$ mit den geforderten Eigenschaften. Sei $a \in \bar{A}$. Zu (K, β) gibt es ein $a' \in A$, so daß

$$[a(x), a'(x)] \in \beta \quad \forall\, x \in K. \tag{1}$$

Wegen der Selektivität von (S, A) existiert $x_{a'} \in K$, mit

$$[a'(x_{a'}), s] \in \beta. \tag{2}$$

Aus (1) und (2) folgt: $\quad [a(x_{a'}), s] \in \beta^2 \subset \alpha$.

8.3. Beispiel: Wenn S kompakt und jedes $a \in A$ surjektiv ist, dann ist (S, A) selektiv.

8.4. Beispiel: Sei $S = R^+ = \{u/u \in R,\ u \geqslant 0\}$ und A die Menge aller Abbildungen $x \to a\,x$ für $a \geqslant 1$ und $x \in R^+$. R^+ sei mit der von R induzierten uniformen Struktur versehen. Dann ist (S, A) ein selektives System.

Der folgende Satz zeigt die Brauchbarkeit der selektiven Systeme für die Theorie der schwach rhythmischen Funktionen.

8.5. Satz: Sei (S, A) ein selektives System. Dann gilt für jedes $\varphi \in C(S, S')$:

$$\overline{\varphi(S)} = \overline{\psi(S)} \quad \forall\, \psi \in \overline{\varphi A}.$$

Beweis: a) Für $\psi \in \overline{\varphi A}$ ist $\overline{\psi(S)} \subset \overline{\varphi(S)}$. (3)

b) Seien $\alpha \in \mathfrak{B}'$ und $z \in \overline{\varphi(S)}$ beliebig; weiters sei $\beta \in \mathfrak{B}'$ symmetrisch mit $\beta^3 \subset \alpha$. Es gibt $s_\beta \in S$, so daß

$$[z, \varphi(s_\beta)] \in \beta. \tag{4}$$

Wegen der Stetigkeit von φ in s_β existiert $\gamma \in \mathfrak{B}$ mit $[\varphi(x'), \varphi(s_\beta)] \in \beta$ $\forall x'$ mit $[x', s_\beta] \in \gamma$.

Wegen der Selektivität von (S, A) gilt: zu s_β und γ $\exists K \in \Gamma(S)$ mit folgender Eigenschaft:

$$\forall a \in A \quad \exists x_a \in K, \quad \text{so daß} \quad [a(x_a), s_\beta] \in \gamma. \tag{5}$$

Obiges K werde nun festgehalten. Wegen $\psi \in \overline{\varphi A}$ existiert $a' \in A$ mit

$$[\psi(x), \varphi a'(x)] \in \beta \quad \forall x \in K. \tag{6}$$

Für das zu a' gemäß (5) gehörige $x_{a'} \in K$ gilt also:

$$[a'(x_{a'}), s_\beta] \in \gamma$$

und daher

$$[\varphi a'(x_{a'}), \varphi(s_\beta)] \in \beta. \tag{7}$$

Aus (4) und (6) folgt unter Berücksichtigung von (7):

$$[z, \psi(x_{a'})] \in \beta^3 \subset \alpha$$

und daher

$$\overline{\varphi(S)} \subset \overline{\psi(S)}. \tag{8}$$

Aus (3) und (8) folgt schließlich die Behauptung: $\overline{\varphi(S)} = \overline{\psi(S)}$.

w. z. b. w.

Bemerkung: Durch Beispiel 8.3 und Satz 8.7 erhält man einen weiteren Beweis für Satz 4.3.

8.6. Definition: Eine abelsche separierte topologische Gruppe S (bzw. eine abelsche separierte semitopologische Halbgruppe S) heiße selektiv, wenn (S, A) ein selektives System ist, wobei A die Menge aller Abbildungen $x \to a x$ für $a \in S$ bedeutet (Translationen).

8.7. Satz: Sei G eine selektive Gruppe. Dann ist jede auf G beschränkte, reell- oder komplexwertige, gleichmäßig stetige Funktion φ schwach rhythmisch.

Beweis: $\overline{\varphi(G)}$ ist kompakt, $G\varphi$ gleichgradig stetig; nach dem Satz von Ascoli ist $\overline{G\varphi}$ kompakt und nach Satz 8.5 ist die Bedingung 2 von Definition 4.1 auch erfüllt. q. e. d.

8.8. Satz: Sei G eine selektive Gruppe mit abzählbarer Umgebungsbasis des neutralen Elementes. Dann bilden die absolut schwach rhythmischen reell- oder komplexwertigen Funktionen auf G einen Vektorraum.

Beweis: G ist als vollständig regulärer Raum mit abzählbarer Umgebungsbasis jedes Punktes ein k-Raum. Daher ist der Raum aller stetigen reell- bzw. komplexwertigen Funktionen auf G vollständig bezüglich der uniformen Struktur der kompakten Konvergenz. Die Abbildungen

$$f: (x, y, z) \to (x + y, z) \quad \text{und}$$
$$g: (x, y) \to (\lambda x, y) \quad (x, y, z, \lambda \text{ reell oder komplex})$$

sind gleichmäßig stetig. Seien φ, ψ absolut schwach rhythmisch und ρ beliebig schwach rhythmisch (reell- bzw. komplexwertige Funktionen auf G). Also sind die Abbildungen $h: x \to [\varphi(x), \psi(x), \rho(x)]$ und $d: x \to [\varphi(x), \rho(x)]$ schwach rhythmisch auf G. Nach Lemma 6.1 besitzen fh und gd kompakte Bahnhüllen. Nach Satz 8.7 erfüllen die stetigen Funktionen fh und gd die Bedingung 2 von Definition 4.1 und sind daher schwach rhythmisch. Damit sind also $\varphi + \psi$ und $\lambda\varphi$ absolut schwach rhythmisch. w. z. z. w.

8.9. Satz: Eine separierte, abelsche, topologische Gruppe G ist genau dann selektiv, wenn das neutrale Element e eine Umgebungsbasis aus relativ dichten Mengen besitzt.

Beweis: **a)** e habe eine Umgebungsbasis aus relativ dichten Mengen. Sei $a \in G$ und $U(a)$ eine beliebige Umgebung von a; $\exists$ Umgebung $V(e)$ mit $a\,V(e) \subset U(a)$. Nach Voraussetzung existiert eine kompakte Menge C, so daß $C\,V(e) = G$. Sei $K = a\,C^{-1}$ (K ist kompakt). Zu beliebigem $g \in G$ gibt es Elemente $k \in C$, $z \in V(e)$ mit $k z = g$. $z = g k^{-1} \in \in V(e)$. Daher gilt: $g(a k^{-1}) = a z \in a\,V(e) \subset U(a)$. Also ist G selektiv.

b) Sei nun umgekehrt G selektiv. Für jede Umgebung $U(e)$ existiert eine kompakte Menge K, so daß gilt: $\forall\, a \in G\ \exists\, x_a \in K$ mit $x_a a \in U(e)$; oder $K \cap U(e)\,a^{-1} \neq \phi \quad \forall\, a \in G$; oder $K \cap U(e)\,b \neq \phi \quad \forall\, b \in G$.

Sei $C = K^{-1}$. C ist kompakt. Es gilt $C \cdot U(e) = G$; denn für $g \in G$ ist $K \cap U(e)\, g^{-1} \neq \phi$. Also gibt es $k \in K$ mit $k \in U(e)\, g^{-1}$ oder $g \in U(e)\, k^{-1}$. Folglich ist $G = C \cdot U(e)$, d. h., $U(e)$ ist relativ dicht. q. e. d.

Bemerkung: Eine selektive, lokalkompakte Gruppe G ist kompakt, denn nach Satz 8.11 ist die zu e existierende Umgebung $\overline{U(e)}$ relativ dicht, d. h., es ist $G = \overline{U(e)} \cdot C$ mit kompaktem C und daher ist G selbst kompakt.

8.10. Satz: Sei S eine selektive semitopologische Halbgruppe. S' sei eine topologische Halbgruppe mit regulärem topologischem Raum und es gebe einen stetigen Homomorphismus ρ von S in S', so daß $\overline{\rho(S)} = S'$. Dann ist S' ebenfalls selektiv.

Beweis: S' ist kommutativ, wie man leicht sieht. Sei $s' \in S'$ beliebig und $U(s')$ eine beliebige offene Umgebung von s'. Wegen $\overline{\rho(S)} = S'$ existiert ein $u \in \rho(S) \cap U(s')$. Es gibt eine Umgebung $U_1(u)$ von u, so daß $U_1(u) \subset U(s')$. Wegen der Regularität des Raumes von S' gibt es eine abgeschlossene Umgebung $V(u)$ von u mit $V(u) \subset U_1(u)$. Sei $x \in S$ so gewählt, daß $\rho(x) = u$. Wegen der Stetigkeit von ρ in x gibt es eine Umgebung V_x von x, so daß $\rho(V_x) \subset V(u)$. Wegen der Selektivität von S existiert eine kompakte Menge K, die die entsprechenden Bedingungen erfüllt. $\rho(K)$ ist kompakt in S'. Es sei nun $a' \in S'$ beliebig und $\{W_i\}_{i \in I}$ eine Umgebungsbasis von a'. Zu jedem $i \in I$ gibt es $a_i' \in \rho(S) \cap W_i$ und daher auch $a_i \in S$ mit $\rho(a_i) = a_i'$. Wegen der Selektivität von S existiert zu jedem $i \in I$ ein $x_i \in K$ mit $x_i\, a_i \in V_x$ und daher $\rho(x_i)\, \rho(a_i) \in V(u)$. [Denn es ist $\rho(x_i\, a_i) = \rho(x_i)\, \rho(a_i)$.] I kann folgendermaßen partiell geordnet werden: $i \leqslant i'$ wenn $W_i \supset W_{i'}$. Damit wird I zu einer nach oben gerichteten Menge (wegen der Eigenschaften der Umgebungsbasis $\{W_i\}_{i \in I}$). $\{a_i'\}_{i \in I}$ ist ein Netz mit Berührungspunkt a', der durch Übergang zu einem Teilnetz I' als Limes dargestellt werden kann. Die zugehörigen $c_i = \rho(x_i)$ $(i \in I')$ bilden ebenfalls eine Moore-Smith-Folge, die wegen der Kompaktheit von $\rho(K)$ einen Berührungspunkt $c \in \rho(K)$ besitzt. Durch Übergang zu einem weiteren Teilnetz I'' läßt sich erreichen, daß $a' = \lim\limits_{i \in I''} a_i'$ und $c = \lim\limits_{i \in I''} c_i$. Sei nun W eine beliebige Umgebung von $c\, a'$. Da in S' die

Multiplikation in beiden Variablen zugleich stetig ist, existieren Umgebungen W' von c und W'' von a', so daß $W' W'' \subset W$. Wegen der Limeseigenschaften gibt es einen Index $j \in I''$, so daß $a_j' \in W''$ und $c_j \in W'$. Also ist $c_j a_j' \in W$. Andererseits ist aber $c_j a_j' \in V$. Daher ist $W \cap V \neq \phi$. Da W beliebig war, ist $c\, a'$ Berührungspunkt von $V = V(u)$. Wegen der Abgeschlossenheit von $V(u)$ liegt $c\, a'$ in $V(u)$ und daher ist $c\, a' \in V(u) \subset U(s')$. Da $a' \in S'$ beliebig war und c in der kompakten Menge $\rho(K)$ liegt, ist S' eine selektive Halbgruppe. w. z. b. w.

8.11. Lemma: Eine selektive semitopologische Halbgruppe S ist topologisch einfach (d. h., jedes Ideal von S liegt dicht in S).

Beweis: Sei I ein beliebiges Ideal von S, d. h., $x I \subset I \;\forall\, x \in S$. Angenommen es ist $\bar{I} \neq S$. Dann existiert $s \in S$ und eine Umgebung $U(s)$, so daß $U(s) \cap \bar{I} = \phi$. Wegen der Selektivität von S existiert eine kompakte Menge K mit den erforderlichen Eigenschaften. Sei $a \in I$ beliebig; es gibt $x_a \in K$ mit $x_a a \in U(s)$. Da I Ideal ist, gilt insbesondere $x_a I \subset I \subset \bar{I}$. Dies ist ein Widerspruch zu $U(s) \cap \bar{I} = \phi$.

8.12. Lemma: Eine selektive, kompakte, topologische Halbgruppe S ist eine topologische Gruppe.

Beweis: Das minimale Ideal M einer abelschen, kompakten, separierten, topologischen Halbgruppe S ist eine topologische Gruppe (s. [15] Seite 32). Nach Lemma 8.11 ist $M = S$.

8.13. Satz: Sei S eine selektive, semitopologische Halbgruppe. Dann ist jede fastperiodische Funktion auf S auch streng-fastperiodisch (vgl. [2], [13], [14]).

Beweis: Sei S' die fastperiodische Kompaktifizierung von S (s. [2]). S' ist eine separierte, kompakte, topologische Halbgruppe und es gibt einen stetigen Homomorphismus ρ von S in S' mit $\overline{\rho(S)} = S'$. Nach Satz 8.10 ist S' selektiv. Gemäß Lemma 8.12 ist S' eine topologische Gruppe. Sei nun G die streng-fastperiodische Kompaktifizierung von S. G ist eine separierte, kompakte, topologische Gruppe. Nach [2], p. 114, III 1.3 existieren stetige Homomorphismen ψ von G in S' und ω_S von S in G mit $\rho = \psi\, \omega_S$. Zu einem fastperiodischen $f \in C_0$ (C_0: Raum der stetigen, beschränkten, komplexwertigen Funktionen auf S) gibt es ein stetiges $\bar{f}$, so daß $f = \bar{f}\,\rho$. Daher gilt: $\bar{f} = (f\,\psi)\,\omega_S$. Aufgrund dieser Zerlegung ([2], [13] Seiten 115/116 1.5 und Seite 124 2.5 sowie 2.6) ist f streng-fastperiodisch. w. z. b. w.

Die Anregung sowie wertvolle Hinweise zu dieser Arbeit verdanke ich Herrn Prof. E. Hlawka.

Literatur

[1] Auslander und Hahn: Real functions coming from flows on compact spaces and concepts of almost periodicity. Transactions of the Amer. Math. Soc. **106** (1963) 415–426.

[2] Berglund und Hofmann: Compact semitopological semigroups and weakly almost periodic functions. Lecture Notes in Mathematics Vol. **42** (1967) Springer, Berlin.

[3] Bourbaki: Topologie Générale, Chap. X, Deuxième Ed., Hermann, Paris, 1961.

[4] Corput, van der: Diophantische Ungleichungen II. Acta Math. **59** (1932) 209–328.

[5] Eberlein, W. F.: Abstract ergodic theorems and weak almost periodic functions. Transactions of the Amer. Math. Soc. **67** (1949) 217–240.

[6] Ellis, R.: Equicontinuity and almost periodic functions. Proceed. Amer. Math. Soc. **10** (1959) 637–643.

[7] Flor, P.: Rhythmische Abbildungen Abelscher Gruppen. Sitzber. Österr. Akad. Wiss., Abt. II, **174** (1966) 117–138.

[8] Flor, P.: Rhythmische Abbildungen Abelscher Gruppen II. Zeitschrift für Wahrscheinlichkeitstheorie u. verw. Geb. **7** (1967) 17–28.

[9] Gottschalk und Hedlund: Topological Dynamics. Amer. Math. Soc. Colloquium Publications Vol. **36**, Providence, R. I., 1955.

[10] Hlawka, E.: Rhythmische Folgen auf kompakten Gruppen I. Sitzber. Österr. Akad. Wiss., Abt. II, **171** (1962) 67–74.

[11] Hlawka, E., und Henhapl: Rhythmische Folgen auf kompakten Gruppen II. Sitzber. Österr. Akad. Wiss., Abt. II, **174** (1966) 139–173.

[12] Kelley, J. L.: General Topology. New York, N. Y., Van Nostrand Co., 1955.

[13] de Leeuw und Glicksberg: Almost periodic functions on semigroups. Acta Math. **105** (1961) 99–140.

[14] de Leeuw und Glicksberg: Applications of almost periodic compactifications. Acta Math. **105** (1961) 63–97.

[15] Paalman, A. B., und de Miranda: Topological Semigroups. Mathematical Centre Tracts, Amsterdam, 1964.

[16] Wada, J.: Weakly compact linear operators on function spaces. Osaka Math. J. **13** (1961) 169–183.

Druck von Adolf Holzhausens Nfg., Universitätsbuchdrucker, Wien

www.ingramcontent.com/pod-product-compliance
Ingram Content Group UK Ltd.
Pitfield, Milton Keynes, MK11 3LW, UK
UKHW022234230426
12048UKWH00017BA/1242
* 9 7 8 3 6 6 2 2 3 1 1 3 5 *